OBSERVATIONS

SUR LES

INCOMMENSURABLES,

Ou l'on prouve qu'il n'y a point de rapport numérique entre la CIRCON-FÉRENCE & le DIAMETRE.

A LONDRES,

& se trouve à PARIS,

Chez B. MORIN, Imprimeur-Libraire,
rue Saint-Jacques, à la Vérité.

M. DCC. LXXIX.

PRÉFACE.

EN réfléchissant fur les principes de la Trigonométrie rectiligne, j'obfervai que prefque toutes les cordes confidérées relativement au diametre fe préfentent fous des expreffions irrationnelles. Cette idée me frappa; elle me fit foupçonner que la circonférence elle-même pourroit bien être une quantité irrationnelle par rapport au diametre. Le foupçon me conduifit aux recherches; celles-ci à des circuits très-pénibles, & enfin à un réfultat fatisfaifant. Après plufieurs tentatives infructueufes, j'entrepris de chercher une fuite de formules, dont la premiere exprimât la corde d'un arc quelconque a; la feconde, deux fois la corde de $\frac{a}{2}$; la troifieme, quatre fois la corde de $\frac{a}{4}$; la quatrieme, huit fois la corde de $\frac{a}{8}$, & ainfi de fuite à l'infini. Je tróuvai toutes ces formules, comme je l'avois defiré. Faifant enfuite l'arc a de 90°. j'examinai de nouveau mes formules générales fous ce point de vue particulier,

& je trouvai qu'elles font toutes incommenfurables. Je partis delà pour démontrer l'incommenfurabilité de la circonférence , & voici le principe qui fert de bafe à cette démonftration : *Etant donné une fuite infinie de polygones réguliers , tels que le premier ait quatre côtés, le fecond 8, le troifieme 16 , le quatrieme 32, &c. fi tous ces polygones font incommenfurables , la circonférence fera elle-même incommenfurable , puifqu'elle eft un de ces polygones.*

On trouvera peut-être que je me fuis trop appéfanti fur mes démonftrations , & il me femble à moi que je n'en ai pas dit affez , ou du moins que mes idées ne font pas préfentées avec autant de clarté & d'étendue que je l'aurois defiré. Quoi qu'il en foit , j'ai fait de mon mieux ; & fi j'ai le bonheur de voir ce petit Ouvrage approuvé du public, encouragé par ce fuccès , je prendrai la liberté de lui préfenter encore quelques autres idées qui ne font peut-être pas moins intéreffantes. 1°. *La defcription d'une nouvelle courbe , fervant à donner*

la folution de plufieurs problêmes fort cu-
rieux, & qui ne peuvent être réfolus que
par elle. 2°. La defcription d'un compas
avec lequel on peut déterminer méchanique-
ment une ligne droite égale à un arc quel-
conque.

Ces petites productions exiftoient dans
mes papiers il y a plus de fix ans , & il y
en a près de cinq que j'en préfentai une à
M. Mauduit , qui me témoigna en être très-
fatisfait , & me confeilla de la préfenter à
M. Dalembert. J'étois bien difpofé à fuivre fon avis ; mais la trifte néceffité de va-
quer à des occupations indifpenfables , peut-
être même un peu de négligence , & fur-
tout beaucoup de timidité m'empêcherent
de fuivre cette affaire ; je la perdis tota-
lement de vue , & fi j'y reviens aujourd'hui ,
ce n'eft qu'à la follicitation de quelques
amis.

La nouvelle courbe que je me propofe
de donner au public , n'eft point une de
ces productions ftériles , qui peuvent bien
fatisfaire l'efprit par une belle fpéculation ,
mais qui ne préfentent fouvent aucun ob-

jet d'utilité. Indépendamment des avanta-
ges qu'un génie profond pourroit peut-être
en retirer, j'y en trouve un qui me paroît
bien réel. C'est au moyen de cette courbe
que je parviens à déterminer une ligne
plus grande que la corde d'un arc *a*; mais
beaucoup plus petite que la tangente de ce
même arc. Appellant *x* cette ligne, qui est
variable comme l'arc *a*, *s*, le sinus de cet
arc, & faisant le rayon $= 1$, j'ai les expressions suivantes :

$$x = \sqrt{\tfrac{1}{4} s^2 + 4 - 2\sqrt{4 - 4 s^2}} - \tfrac{1}{2} s.$$

$$x' = \sqrt{\tfrac{1}{2} - \tfrac{1}{2}\sqrt{1 - s^2} + 16 - 8\sqrt{2 + 2\sqrt{1 - s^2}}}$$
$$- \tfrac{2}{2}\sqrt{2 - 2\sqrt{1 - s^2}}$$

$$x'' = \sqrt{2 - \sqrt{2 + 2\sqrt{1 - s^2} + 64 - 32\sqrt{2 + \sqrt{2 + 2\sqrt{1 - s^2}}}}}$$
$$- \sqrt{2 - \sqrt{2 + 2\sqrt{1 - s^2}}}.$$

Il seroit facile de trouver une suite infinie d'autres expressions semblables à cel-
les-là, parce que leur formation est fondée
sur des loix générales. Le sinus *s* étant con-
nu, il est évident qu'on aura les valeurs de
x, *x'*, *x''*, &c. faisant donc *s* = sinus de
30°, les équations précédentes deviendront

$x = 0.52356.$

$x' = 0.523596.$

Le rapport de la demi-circonférence au rayon étant représenté par 3.1415926, la sixieme partie de ce nombre donnera la valeur de l'arc de 30°; divisant donc 3.1415926 par six, on a 0.523598. Comparant ce nombre avec les valeurs de x, & de x', il vient $x =$ arc de 30° — 0.000032, & $x' =$ arc de 30° — 0.000002. On voit donc que x est, à très-peu de choses près, égale à l'arc de 30°; que x' en differe encore moins, & que si on cherchoit la valeur de x'', elle seroit encore plus approchante. D'où il suit en général que je puis considérer les lignes x, x', x'', &c. comme égales à un arc quelconque, & cherchant la valeur du sinus de cet arc, j'ai d'autres formules qui font comme les inverses de celles que l'on vient de voir précédemment. De peur d'être trop long, je ne donnerai ici que la premiere.

$$s = \sqrt{\frac{4\,x^2}{x^2+16} - x^2 + \left(\frac{x-20\,x}{x^2+16}\right)^2} - \left(\frac{x-20\,x}{x^2+16}\right)$$

Les autres font dans la même forme. Mais elles peuvent toutes se réduire en series, & c'est au moyen de ces series que j'espere trouver une maniere générale de réfoudre les équations de tous les degrés fupérieurs. J'avoue que cette befogne eft encore à faire, & qu'elle exige un travail long & pénible. Mais je penfe que la chofe en mérite bien la peine; il ne feroit pas indifférent fans doute, d'avoir une formule, qui donnât la valeur d'un finus rapporté aux quantités connues d'une équation fupérieure. On chercheroit cette valeur dans les tables, & l'arc qui lui correfpondroit, donneroit celle de l'inconnue qui régneroit dans l'équation. C'eft m'expliquer d'une maniere affez claire, ce me femble, pour les perfonnes qui font un peu verfées dans la Géométrie. Car je ne prétends pas parler ici un langage myftérieux & énigmatique. Si on le trouve obfcur, c'eft que je n'ai pas pu le rendre plus clair; & fi je n'en dis pas affez pour me faire entendre de tout le monde, c'eft uniquement de peur d'être trop long. D'autant plus qu'il me refte encore quelque chofe à dire fur le fupplément qui termine cette petite production.

Je m'étois imaginé, en le commençant, que ce feroit l'affaire de trois ou quatre pages

au plus. Mais les idées s'étant préfentées
fucceffivement, il me fallut beaucoup plus
de papier que je ne l'avois cru d'abord; &
lorfque je confidérai le tout enfemble, je
vis avec furprife que le fupplément occu-
poit pour le moins autant de place que
l'Ouvrage même. Je voulus alors changer
de plan, & donner à mes idées un ordre
tout oppofé. Mais j'en fus détourné par des
occupations d'une néceffité abfolue; & con-
fidérant d'ailleurs que ce travail étoit affez
inutile, je laiffai les chofes dans l'état où
elles font.

Le Lecteur inftruit s'appercevra aifément
que les principes, que je lui préfente, font
entierement neufs, fi on en excepte les formules que l'on verra (*pag. 9*). M. Mauduit
(mon Cenfeur) a eu la bonté de me faire
obferver qu'elles fe trouvent dans un Auteur
célebre, mais dont le nom ne me revient
pas. J'avoue que ce point de fait m'étoit ab-
folument inconnu. Les perfonnes finceres &
incapables de foupçonner dans les autres une
baffe diffimulation, n'héfiteront point à me
croire; mais elles ne manqueront pas en mê-

me temps de me reprocher un défaut d'érudition. Les perſonnes moins ſinceres & plus ſoupçonneuſes ſoutiendront, au contraire, qu'elles ne ſont point mes dupes, & ſans ajouter foi à ce que je dis, elles m'accuſeront d'avoir voulu m'approprier une découverte qui ne m'appartient pas. Ainſi, l'aveu que je fais ici doit néceſſairement m'attirer le blâme des uns & des autres; & cependant je le fais. Je proteſte, au ſurplus, que ſi j'avois à me prévaloir de quelque choſe, ce ne ſeroit certainement pas d'avoir trouvé ces formules; rien n'eſt plus ſimple, ni plus facile à imaginer. J'y ſuis parvenu de moi-même, ſans le ſecours d'autrui, &, je puis le dire, ſans de grands efforts.

Voilà ſans doute un préambule bien long pour un Ouvrage ſi mince. Mais outre que la mode des longues Préfaces n'eſt pas encore ſurannée, & qu'il ne conviendroit pas à un jeune Apprentif comme moi de fronder le goût du public; je prie le Lecteur de vouloir bien conſidérer que c'eſt plutôt ici une eſpece de Proſpectus, qu'une Préface ordinaire.

OBSERVATIONS

OBSERVATIONS

INCOMMENSURABLES.

HYPOTHESES.

I.

1°. DU point G tirez la corde B G foutenant un arc quelconque G L B; enfuite du même point G menez des cordes G L, G H, &c. foutenant des arcs continuellement fous-doubles. Soit auffi le rayon A M perpendiculaire fur G Q, & prolongé à difcrétion.

2°. Menez la corde B Q, plus A D perpendiculaire fur Q B: prolongez le rayon A Q à l'infini; prenez Q n = A Q, & Q R = A Q; par les points R & n tirez la ligne R n m, & du centre A au point d'interfection n, menez A n. Prenez encore R o

$=$ A R , plus R P $=$ A R ; par les points
P & *o* menez la droite P *o s* , & du centre
A au point d'interſection *o* menez A *o*. Il
eſt évident que cette opération peut ſe con-
tinuer à l'infini.

2. Tout étant ainſi diſpoſé , on aura
A D $= \frac{1}{2}$ B G $=$ G C , A *n* $=$ G L , A *o*
$= 2$ G H , & ainſi de ſuite à l'infini.

DÉMONSTRATION.

1°. Par l'Hypotheſe , A D tombe perpendiculairement ſur B Q , & l'arc G L eſt
ſous-double de l'arc G L B ; d'où il ſuit que
les deux angles G C A , A D Q ſont droits,
& que l'angle B Q A eſt égal à l'angle LAG.
Par-là on voit que les deux triangles A D Q,
A C G ſont ſemblables , & puiſque A Q
$=$ A G , on a néceſſairement A D $=$ C G
$= \frac{1}{2}$ B G.

2°. Ayant mené le rayon A H perpen-
diculaire ſur G L , on aura le triangle
A G *u* ſemblable au triangle A *n* R. Car
par l'Hypotheſe A Q $=$ Q *n* $=$ Q R ;
donc le triangle Q *n* R eſt iſocelle , & par
conſéquent les angles Q R *n* , Q *n* R ſont
égaux ; donc le double de l'angle Q R *n* eſt
ſupplément de l'angle R Q *n* ; mais l'angle
A Q *n* eſt auſſi ſupplément de l'angle R Q *n* ;

donc $QRn = \frac{1}{2}AQn$; & puifque GAH $= \frac{1}{2}GAL = \frac{1}{2}AQn$, on a néceffaire-ment $QRn = GAH$. D'un autre côté Qn étant égale à QA, le triangle AQn eft ifocelle, d'où il fuit que la moitié de l'angle AQn eft complément de l'angle AnQ; mais l'angle QnR vaut la moitié de l'angle AQn; donc QnR eft complément de AnQ; donc l'angle AnR eft droit, & par conféquent égal à l'angle AuG, le-quel eft vifiblement droit, puifque Au tombe perpendiculairement fur la corde GL. Les deux triangles ARn & AGu ont donc deux angles correfpondans égaux, fçavoir, l'angle en R égal à l'angle en A, & l'angle en n égal à l'angle en u. On peut donc établir cette proportion : $AR : An :: AG : Gu$; or, puifque $QR = AQ = AG$, on a $AR = 2AG$, & par con-féquent $An = 2Gu = GL$.

3°. En fuivant le même procédé, il fera facile de prouver que le triangle rectangle AVG, formé par le rayon AV perpen-diculaire fur la corde GH, eft femblable au triangle AoP. D'où on déduira cette proportion : $AP : Aq :: AG : GV$; or $AP = 2AR = 4AG$; donc auffi $Ao = 4GV = 2GH$.

COROLLAIRE PREMIER.

3. Les deux triangles rectangles A n R, A m R ayant un angle commun en R, font femblables, & les deux triangles rectangles A $n m$, A R m font aussi femblables, puifque l'angle en m est commun à l'un & à l'autre. D'où il fuit que le triangle A $n m$ est femblable au triangle A n R, & par conféquent l'angle m Â n est égal à l'angle A R n ou Q R n. Mais (2) Q R n = Q n R complément de l'angle A n Q ou A n D, & puifque D A n est aussi complément de A n D, on a m Â n = Q R n = Q n R = D Â n; c'est-à-dire, que ces quatre angles font égaux.

On peut prouver de même que les trois angles n A o, o A s & R o P font égaux.

COROLLAIRE II.

4. On peut, fans prolonger le rayon A Q, déterminer les points n, o, t, &c. Car, 1.°. puifque l'angle D A n = n A m, on déterminera le point n en menant fur B D la droite A n, faifant l'angle D A n fous-double de l'angle D A m.

2°. Avec un rayon Q n tracez l'arc indéterminé Q q; prenez fur cet arc une partie $Qq = GH$. Par les points q, n, menez qnm. Puifque $Qn = QA$, on aura l'angle $Qnq = GAH = (2) ARn$ ou $QRn = (3) DAn$. Menez Ao faifant l'angle nAo fous-double de l'Angle nAm, & le point o fera déterminé.

3°. Avec un rayon $of = AQ$ tracez un arc indéterminé fi; prenez fur cet arc une partie $fi = \frac{1}{2} Gh = GV$. Par les points i, o menez la droite ios. Les deux rayons of & AG étant égaux, on aura l'angle $foi = GAV = RPo = nAo$. Menez fur os, At faifant l'angle oAt fous-double de l'angle oAs, & le point t fera déterminé.

COROLLAIRE III.

5. Il eft vifible que, fi on continuoit les opérations que nous venons de faire, on pourroit trouver une fuite infinie de points, D, n, o, t, &c., tels qu'on auroit fucceffivement $AD = CG =$ finus de l'arc $\frac{1}{2} GLB = s . GHL$; $An = GL = 2 Gu = 2s . \frac{1}{2} GHL$; $Ao = 2GH = 4s . \frac{GHL}{4}$ Et faifant l'arc $GHL = a$, on auroit fucceffivement $AD = s . a$, $An = 2s . \frac{a}{2}$, $Ao = 4s . \frac{a}{4}$, $At = 8s . \frac{a}{8}$ &c. D'où il fuit

A 3

que ſi on appelloit x le dernier de tous
ces points, on auroit $A x = a$.

6. Appellant r le rayon $A Q$, & u la droite
$A D$, ſinus de l'arc $G H L$, on aura ſucceſſi-
vement $\overline{D n}^2 = 2 r^2 - u^2 - 2 r \sqrt{r^2 - u^2}$,
$n o^2 = 6 r^2 + 2 r \sqrt{r^2 - u^2}$
$- 4 r \sqrt{2 r^2 + 2 r \sqrt{r^2 - u^2}}$, $o t^2 = 2 4 r^2$
$+ 4 r \sqrt{2 r^2 + 2 r \sqrt{r^2 - u^2}}$, — &c.

DÉMONSTRATION.

1°. Par l'Hypotheſe (1) $Q n = A Q$
$= r$; donc $D n = r - D Q$; mais le
triangle $A D Q$ eſt rectangle, & par con-
quent $\overline{D Q}^2 = \overline{A Q}^2 - \overline{A D}^2 = r^2 - u^2$;
donc $D Q = \sqrt{r^2 - u^2}$, & $D n = r$
$- \sqrt{r^2 - u^2}$, Quarrant les deux membres
de cette équation, on a $D n^2 = 2 r^2 - u^2$
$- 2 r \sqrt{r^2 - u^2}$.

2°. $R o = A R = 2 r$; donc $n o = 2 r$
$- n R$. Mais (2) le triangle $A n R$ eſt
rectangle, & par conſéquent $\overline{R n}^2 = \overline{A R}^2$
$- \overline{A n}^2 = 4 r^2 - \overline{A n}^2$, & puiſque (1)
le triangle $A D n$ eſt rectangle, on a $\overline{A n}^2$
$= A D^2 + D n^2$. Mais nous venons de prou-
ver que $D n^2 = 2 r^2 - u^2 - 2 r \sqrt{r^2 - u^2}$.
Subſtituant donc cette quantité à la place

de $D n^2$, & u^2 à la place de $A D^2$, on aura $A n^2 = u^2 + 2 r^2 - u^2 - 2 r - r \sqrt{r^2 - u^2} = 2 r^2 - 2 r \sqrt{r^2 - u^2}$; & par conféquent l'équation $R n^2 = 4 r^2 - A n^2$ devient, reduction faite, $R n^2 = 2 r^2 + 2 r \sqrt{r^2 - u^2}$. D'où il fuit que $R n = \sqrt{2 r^2 + 2 r \sqrt{r^2 - u^2}}$. Subftituant encore cette valeur de $R n$ dans l'équation $n o = 2 r - n R$, on a $n o = 2 r - \sqrt{2 r^2 + 2 r \sqrt{r^2 - u^2}}$, & par confé-quent $n o^2 = 6 r^2 + 2 r \sqrt{r^2 - u^2} - 4 r \sqrt{2 r^2 + 2 r \sqrt{r^2 - u^2}}$.

3°. En faifant le même raifonnement, on trouvera que $o t^2 = 2 4 r^2 + 4 r \sqrt{2 r^2 + 2 r \sqrt{r^2 - u^2}} - 16 r \sqrt{2 r^2 + r \sqrt{2 r^2 + 2 r \sqrt{r^2 - u^2}}}$.

En général, fi on fait $D n = s$, $n o = s'$, $o t = s''$, & ainfi de fuite à l'infini, on aura les équations fuivantes, où l'on peut remarquer que les feconds membres ne font tous compofés que de trois termes.

$$s^2 = 2 r^2 - u^2 - 2 r \sqrt{r^2 - u^2}.$$

$$s'^2 = 6 r^2 + 2 r \sqrt{r^2 - u^2} - 4 r \sqrt{2 r^2 + 2 r \sqrt{r^2 - u^2}}.$$

$$s''^2 = 2 4 r^2 + 4 r \sqrt{2 r^2 + 2 r \sqrt{r^2 - u^2}} - 16 r \sqrt{2 r^2 + r \sqrt{2 r^2 + 2 r \sqrt{r^2 - u^2}}},$$ & ainfi de fuite à l'infini.

7. Puifque (1 & 2) les triangles ADn, $A.no$, Aot, &c. font rectangles , on a évidemment.

1°. $An^2 = AD^2 + Dn^2 = u^2 + s^2 = 2r^2 - 2r\sqrt{r^2 - u^2}$.

2°. $Ao^2 = An^2 + no^2 = 2r^2 - 2r\sqrt{r^2 - u^2} + s'^2 = 2r^2 - 2r\sqrt{r^2 - u} + 6r^2 + 2r\sqrt{r^2 - u^2} - 4r\sqrt{2r^2 + 2r\sqrt{r^2 - u^2}} = 8r^2 - 4r\sqrt{2r^2 + 2r\sqrt{r^2 - u^2}}$.

3°. On trouvera de la même maniere que

$$\overline{At}^2 = 32r^2 - 16r\sqrt{2r^2 + r\sqrt{2r^2 + 2r\sqrt{r^2 - u^2}}}.$$

En général il eſt aifé de voir que , ſi on fait $An = x$, $Ao = x'$, $At = x''$, & ainſi de fuite à l'infini, on aura fuccef-fivement les équations fuivantes.

$$x^2 = 2r^2 - 2r\sqrt{r^2 - u}.$$

$$x'^2 = 8r^2 - 4r\sqrt{2r^2 + 2r\sqrt{r^2 - u^2}}.$$

$$x''^2 = 32r - 16r\sqrt{2r^2 + r\sqrt{2r^2 + 2r\sqrt{r^2 - u^2}}}.$$

$$x'''^2 = 128r^2 - 64r\sqrt{2r^2 + r\sqrt{2r^2 + r\sqrt{2r^2 + 2r\sqrt{r^2 - u^2}}}}.$$

Si on prend la racine quarrée de chaque membre de toutes ces équations , elles deviennent

$$x = \sqrt{2\,r^2 - 2r\,\sqrt{r^2 - u^2}}.$$

$$x' = 2\sqrt{2\,r^2 - r\,\sqrt{2\,r^2 + 2\,r\,\sqrt{r^2 - u^2}}}.$$

$$x'' = 4\sqrt{2\,r^2 - r\,\sqrt{2\,r^2 + r\,\sqrt{2\,r^2 + 2\,r\,\sqrt{r^2 - u^2}}}}.$$

$$x''' = 8\sqrt{2\,r^2 - r\,\sqrt{2\,r^2 + r\,\sqrt{2\,r^2 + r\,\sqrt{2\,r^2 + 2\,r\,\sqrt{r^2 - u^2}}}}}.$$

J'obferve, 1°. que le coëfficient du premier radical eft 1 ou 2° dans la premiere équation , 2^1 dans la feconde , 2^2 dans la troifieme , 2^3 dans la quatrieme , & ainfi de fuite; 2°. que tous les radicaux de l'une quelconque de ces équations fe retrouvent toujours dans celle qui la fuit immédiatement, avec un de plus; 3°. qu'il n'y a que le fecond radical qui foit affecté du figne —— ; 4°. que fi on repréfente le coëfficient du premier radical par 2^n , le nombre de tous les radicaux fera $n + 2$; 5°. que la quantité fous le figne du premier radical eft toujours $2\,r^2$; que le coëfficient & la quantité fous le figne du dernier radical font auffi conftamment les mêmes dans toutes les équations; & enfin que tous les radicaux , exceptés le premier & le dernier, font dans cette forme $r\sqrt{2\,r^2}$. De toutes ces obfervations je conclus qu'ayant une fois la premiere équation , il eft facile de trouver l'expreffion d'une x quelconque.

8. De la maniere dont font conçues nos Hypothefes (1) , il eft évident que nous

pouvons donner à l'arc G H L, sous-double de l'arc G L B, telle grandeur que nous voudrons. Suppofons donc que cet arc, que nous avons fait (5) $= a$, soit $= 90°$. Dans ce cas nous aurons A D ou $u = s.a = s.90°. = r$, & A $n = x = 2 s.\frac{a}{2} = 2 s.\frac{90°}{2} = 2 s.45°. =$ corde de $90°. = \sqrt{2 r^2}$.

Voyons maintenant si l'équation $x = \sqrt{2 r^2 - 2 r \sqrt{r^2 - u^2}}$ donne cette même valeur, $\sqrt{2 r^2}$, pour A n, en faisant l'arc G H L de $90°$. Dans ce cas, $u = r$, & par conféquent $2 r \sqrt{r^2 - u^2} = 0$. D'où il fuit que l'équation $x = \sqrt{2 r^2 - 2 r \sqrt{r^2 - u^2}}$ fe réduit à $x = \sqrt{2 r^2}$, ce qui fe rapporte exactement à ce que nous venons de voir. Il feroit facile de vérifier de même toutes les autres équations.

9. Suppofant toujours $u = r$, & faifant $r = 1$, les équations, que nous avons trouvées plus haut (7), deviendront

$$x = \sqrt{2} \qquad = s.\tfrac{90°}{2} = \text{corde } 90°.$$

$$x^I = 2 \sqrt{2 - \sqrt{2}} \qquad = 4 s.\tfrac{90°}{4} = 2 c. 45°.$$

$$x^{II} = 4 \sqrt{2 - \sqrt{2 + \sqrt{2}}} \qquad = 8.s.\tfrac{90°}{8} = 4.c. 22° 30'.$$

$$x^{III} = 8 \sqrt{2 - \sqrt{2 + \sqrt{2 + \sqrt{2}}}} \qquad = 16.s.\tfrac{90°}{16} = 8.c. 11° 15'.$$

& ainsi de fuite à l'infini.

Il est question présentement de prouver que les quantités x, x', x'', x''', &c. sont toutes incommensurables. On voit d'abord que cela ne souffre aucune difficulté par rapport à x, puisque sa valeur est $\sqrt{2}$, & que cette racine ne peut jamais se trouver exactement. La question se réduit donc à prouver l'incommensurabilité de x', x'', x''', &c. Or, c'est ce que nous pouvons faire de plusieurs manieres ; mais auparavant il est nécessaire de poser quelques principes fondamentaux.

10. La somme d'un nombre quelconque de quantités m, n, p, &c. ne peut être commensurable, si une seule de ces quantités, prise séparément, est incommensurable. Car supposons que toutes les quantités n, p, &c. soient commensurables, & que m seulement soit incommensurable : dans ce cas la valeur de m doit être une fraction, dont le numérateur & le dénominateur seront des nombres infinis, & leur plus grand commun diviseur sera l'unité.

Représentant tous les facteurs du numérateur de cette fraction par A B C D, &c. & tous ceux du dénominateur par $abcd$, &c. on aura $m = \dfrac{A\,B\,C\,D,\ \&c.}{a\,b\,c\,d,\ \&c.}$ fraction dont les deux termes n'ont aucun facteur commun. La somme des quantités m, n, p, &c.

fera donc $s = \dfrac{A\,B\,C\,D,\ \&c.}{a\,b\,c\,d,\ \&c.} + n + p =$

$\dfrac{A\,B\,C\,D,\ \&c. + a\,b\,c\,d\,n + a\,b\,c\,d\,p.}{a\,b\,c\,d}$ Or, cette frac-

tion ne pourra jamais fe réduire à une expreffion finie, puifque fes deux termes font
infinis, & qu'ils n'ont aucun facteur commun. On voit donc que la valeur de s ne
pourra jamais s'exprimer par des nombres
finis, & par conféquent la fomme des quantités m, n, p fera incommenfurable, fi
l'une quelconque de ces quantités eft incommenfurable, & fi la fomme eft commenfurable, chacune prife féparément le
fera auffi.

11. On peut prouver de la même maniere que la différence $m - p$ de deux
quantités m, p, ne peut être commenfurable, fi l'une de ces quantités eft incommenfurable. Car fuppofant p incommenfurable, fa valeur doit néceffairement être
une fraction, dont le numérateur & le
dénominateur feront des nombres infinis
qui n'auront aucun facteur commun. Si on
repréfente tous les facteurs du numérateur
par $A\,B\,C\,D$, &c. & tous ceux du dénominateur par $a\,b\,c\,d$, &c. on aura $p =$
$\dfrac{A\,B\,C\,D,\ \&c.}{a\,b\,c\,d,\ \&c.}$ & par conféquent $m - p =$

$\dfrac{m\,a\,b\,c\,d,\ \&c. - A\,B\,C\,D,\ \&c.}{a\,b\,c\,d,\ \&c.}$ fraction qui n'a au-

cun facteur commun à ses deux termes, &
puisque ces deux termes sont infinis, **il**
est évident que cette fraction ne pourra jamais se réduire à une expression finie. On
voit donc que la différence $m - p$ des
quantités m, p, est incommensurable. Elle
le seroit également, si on faisoit m incommensurable & p commensurable. On au-
roit alors $m = \dfrac{A\,B\,C\,D\,,\ \&c.}{a\,b\,c\,d\,,\ \&c.}$ & $m - p =$
$$\dfrac{A\,B\,C\,D\,,\ \&c. - p\,a\,b\,c\,d\,, \&c.}{a\,b\,c\,d\,, \&c.}$$

12. Plusieurs quantités m, n, p, &c.
étant supposées toutes commensurables, les
produits résultants de ces quantités, mul-
tipliées par elles-mêmes, où les unes par
les autres, seront tous commensurables.
De cette vérité qui n'a pas besoin de dé-
monstration, il suit évidemment que, si
quelques-uns de ces produits sont incommensurables, une, ou plusieurs des quantités m, n, p, &c. seront incommensurables, & par conséquent (10) la somme
de ces quantités ne pourra être commensurable.

13. La racine quarrée d'un nombre étant
incommensurable, les racines quarrées de
toutes les puissances impaires de ce nombre
seront également incommensurables. Ainsi
$\sqrt{a}$ n'étant point commensurable, $\sqrt{a^3}$

$\sqrt{a^3}$, $\sqrt{a^5}$, $\sqrt{a^7}$, &c. ſeront toutes incommenſurables. Car ces expreſſions ſont
les mêmes que celles-ci $a\sqrt{a}$, $a\sqrt{a}$,
$a^3\sqrt{a}$, &c. qui ſont viſiblement incommenſurables.

14. D'après ces principes, il eſt facile
de prouver que x' eſt incommenſurable.
Car faiſant $x' = m + n$, ſi x' étoit commenſurable, il eſt évident que la ſomme
des quantités m, n, ſeroit commenſurable, puiſque x' eſt cette ſomme. Voyons
donc ſi la ſomme des quantités m, n eſt
commenſurable.

Puiſque (9) $x' = 2\sqrt{2^2} - \sqrt{2} =$
$\sqrt{8} - \sqrt{32} = \sqrt{2^3} - \sqrt{2^5}$, nous avons
$\sqrt{2^3} - \sqrt{2^5} = m + n$. Pour abréger &
pour rendre en même temps la démonſtration plus générale, je fais $2^3 = B$, &
$2^5 = C$. J'ai donc $\sqrt{B} - \sqrt{C} = m+n =$
$\sqrt{m^2 + n^2} + \sqrt{4\,m^2\,n^2}$; élevant au quarré,
l'équation devient $B - \sqrt{C} = m^2 + n^2$
$+ \sqrt{4\,m^2\,n^2}$. Puiſque je n'ai qu'une équation
& deux inconnues, je ſuis libre de faire
$- \sqrt{C} = \sqrt{4\,m^2\,n^2}$, & alors j'ai $B =$
$m^2 + n^2$. Elevant au quarré chaque membre de ces deux équations, elles devien-

nent $C = 4\,m^2\,n^2$, $B^2 = m^4 + 2\,m^2\,n^2 + n^4$ souftrayant la premiere de la feconde, j'ai $B^2 - C = m^4 - 2\,m^2\,n^2 + n^4$. Tirant la racine quarrée, il vient $m^2 - n = \sqrt{B^2 - C}$. Or, nous avions plus haut $B = m^2 + n^2$, ajoutant ces deux équations, il vient, ré-duction faite, $2\,m^2 = B + \sqrt{B^2 - C}$; Donc $m^2 = \frac{B}{2} + \frac{1}{2}\sqrt{B^2 - C}$, $m = \sqrt{\frac{1}{2}B + \frac{1}{2}\sqrt{B^2 - C}}$, & $n = \sqrt{\frac{1}{2}B - \frac{1}{2}\sqrt{B^2 - C}}$.

Dans le cours de cette opération nous avons eu, 1°. $B^2 - C = m^4 - 2\,m^2\,n^2 + n^4$. Or, puifque $m^4 - 2\,m^2\,n^2 + n^4$ eft un quarré, il eft évident que pour que m & n foient commenfurables, $B^2 - C$ doit être un quarré. 2°. Nous avons eu en outre $C = 4\,m^2\,n^2$; d'où il fuit que $2\,m\,n = \sqrt{C}$. Or, fi $\sqrt{C}$ eft incommenfurable, $2\,m\,n$ fera auffi incommenfurable, & par conféquent (12) la fomme $m + n$ de m, n ne pourra être commenfurable.

Appliquons tout ceci à l'équation $m + n = \sqrt{8} - \sqrt{32}$. Nous avons $B = 8$, $C = 32$ & $B^2 - C = 32$. Or, puifque 32 n'eft point un quarré, il eft évident que $B^2 - C$ n'eft pas non plus un quarré, & que $\sqrt{C}$ ou $\sqrt{32}$ eft incommenfurable. D'où il fuit que la fomme des quantités m, n eft in-commenfurable, & puifque $m + n = x'$,

concluons finalement que x' eſt une quan‑
tité incommenſurable.

On peut prouver de la même maniere
l'incommenſurabilité de $x'' = (9) 4$

$$\sqrt{2} - \sqrt{2} + \sqrt{2} = \sqrt{2^5} - \sqrt{2^9} + \sqrt{2^{17}} =$$

$$\sqrt{B} - \sqrt{C} + \sqrt{D} \text{ , en faiſant}$$

$$\sqrt{B} - \sqrt{C} + \sqrt{D} = m + n + p =$$

$$\sqrt{m^2 + 2mn + 2mp + 2np} + \sqrt{n^4 + p^4}$$

$+ \sqrt{4 n^4 p^4}$, & cherchant au moyen de cette
équation les valeurs des inconnues m , n , p,
on aura

$$m = \sqrt{B + \sqrt{\tfrac{1}{2}C + \tfrac{1}{2}\sqrt{C^2 - D}} + \sqrt{\tfrac{1}{2}C - \tfrac{1}{2}\sqrt{C^2 - D}}}$$
$$- \sqrt{\tfrac{1}{2}C + \tfrac{1}{2}\sqrt{C^2 - D}} - \sqrt{\tfrac{1}{2}C - \tfrac{1}{2}\sqrt{C^2 - D}}$$

$$n = \sqrt{\tfrac{1}{2}C + \tfrac{1}{2}\sqrt{C^2 - D}} ,$$

$$p = \sqrt{\tfrac{1}{2}C - \tfrac{1}{2}\sqrt{C^2 - D}}.$$

Mais dans le cours des opérations , on
trouvera $C^2 - D = n^8 - 2 n^4 p^4 + p^8$,
$\sqrt{D} = 2 n^2 p^2$. D'où on conclura que pour
que n & p puiſſent être commenſurables,
il faut néceſſairement que D, & $C^2 - D$
ſoient deux quarrés. Or , dans le cas préſent
$C = 2^9$, $D = 2^{17}$, $C^2 - D = 2^{17}$, &
puiſque 2^{17} n'eſt point un quarré, il s'en
ſuit que n & p ſont incommenſurables.

　　　　　　　　　　　　　　　　Donc

Donc (10) la fomme des quantités m, n, p eft incommenfurable , & par conféquent $x^{l'}$, qui eft cette fomme , ne peut être commenfurable.

Il eft aifé de voir qu'on pourroit démontrer de la même maniere l'incommenfurabilité de x^{lll}, x^{llll}, &c. en faifant $x^{lll} = m + n + p + q$, $x^{llll} = m + n + p + q + r$, & ainfi de fuite à l'infini. Car, 1°. fuppofant toujours la quantité fous le dernier radical $= D$, & la quantité fous l'avant dernier radical $= C$, on trouveroit que pour que m, n, p, q, &c. puffent être commenfurables ; il faudroit que D & $C^2 - D$ fuffent des quarrés parfaits. 2°. En faifant paffer fous les radicaux tous les coëfficiens $2, 4, 8, 16$, &c. qui fe trouvent dans les expreffions $x^{l} = 2\sqrt{2 - \sqrt{2}}$, $x^{ll} = 4\sqrt{2 - \sqrt{2 + \sqrt{2}}}$, $x^{lll} = 8\sqrt{2 - \sqrt{2 + \sqrt{2 + \sqrt{2}}}}$, x^{llll}, &c. on trouveroit que le nombre fous le figne du dernier radical eft toujours 2 élevé à une puiffance impaire, & que le quarré du nombre fous le figne de l'avant dernier radical, moins le nombre fous le figne du dernier radical eft auffi toujours 2 élevé à une puiffance impaire. Or , 2 élevé à une puiffance impaire n'eft point un quarré, où,

ce qui revient au même , la racine quarrée
de cette puiſſance impaire (13) eſt incommenſurable ; donc , &c. les conſéquences
ſont faciles à tirer.

15. Pour peu que l'on conſidere la na-
ture des équations que nous examinons ici ,
on verra facilement que nous aurions
pu faire grand nombre d'autres opérations ,
qui nous auroient fourni de nouvelles con-
ditions néceſſaires pour que x^{ll}, x^{lll}, x^{lill},
&c. puiſſent être commenſurables. Par
exemple , nous aurions pu ſuppoſer $x^{ll} =$

$$\sqrt{B - \sqrt{C} + \sqrt{D}} = m + n + p =$$

$$= \sqrt{m^2 + n^2 + p^2 + \sqrt{4 m^2 n^2 + 4 m^2 p^2}}$$

$$+ 4 n^2 p^2 + \sqrt{(8 m^2 p n + 8 m n^2 p + 8 m n p^2)^2}$$

& en faiſant ſur cette équation les opérations que nous avons faites (14) , nous
aurions trouvé que pour que x^{ll} pût être
commenſurable, il faudroit que D, & B²—C
fuſſent deux quarrés parfaits , ce qui n'a
point lieu dans l'équation $x^{ll} =$

$$\sqrt{2^5 - \sqrt{2^9} + \sqrt{2^{17}}}.$$

16. On voit auſſi qu'au lieu de ſuppoſer

$$\sqrt{B - \sqrt{C} + \sqrt{D}} = m + n + p, \text{ nous}$$

aurions pu faire plus simplement

$$\overline{\sqrt{B} - \sqrt{C + \sqrt{D}}} = m + n$$, & cher-

chant au moyen de cette équation les valeurs des inconnues m, n, on auroit $m =$

$$\sqrt{\tfrac{1}{2} B + \tfrac{1}{2} \sqrt{B^2 - C - \sqrt{D}}}$$, & $n =$

$$\sqrt{\tfrac{1}{2} B - \tfrac{1}{2} \sqrt{B^2 - C - \sqrt{D}}}$$. Mais dans

le cours de l'opération, on trouveroit

$$\sqrt{C + \sqrt{D}} = 2\,m\,n$$, & $B^2 - C - $

$\sqrt{D} = m^4 - 2\,m^2\,n^2 + n^4$. D'où on
concluroit que pour que l'expression

$$\overline{\sqrt{B} - \sqrt{C + \sqrt{D}}}$$ fût commensurable, il

faudroit, 1° que $B^2 - C - \sqrt{D}$ fût un quarré

parfait; 2°. que $\sqrt{C + \sqrt{D}}$ fût commensurable. Or, rien de tout cela ne peut avoir

lieu dans l'équation $x'' = \sqrt{2^5 - \sqrt{2^9 + \sqrt{2^{17}}}}$.
Car d'abord la racine quarrée de $2^{17} = D$
étant incommensurable, la quantité $B^2 - $
$C - \sqrt{D}$ est (11) également incommensurable, & par conséquent elle ne
peut être un quarré parfait. En second lieu,

$\sqrt{C + \sqrt{D}}$ ne peut être commensurable
(14) que dans le cas où D & $C^2 - D$ feroient deux quarrés. Or, ici $D = 2^{17}$, &
$C^2 - D = 2^{18} - 2^{17} = 2^{17}$; & puisque

2^{17} n'eſt point un quarré, $\sqrt{C + \sqrt{D}}$ eſt incommenſurable.. D'où il ſuit évidemment que l'expreſſion $\sqrt{2^5 - \sqrt{2^9} + \sqrt{2^{17}}}$ n'eſt point commenſurable, & enfin que x^{ii} eſt une quantité incommenſurable.

Il eſt clair que nous pourrions de même ſuppoſer $x''' = \sqrt{B - \sqrt{C + \sqrt{D} + \sqrt{E}}}$

$= m + n$, $x'''' = \sqrt{B - \sqrt{C + \sqrt{D} + \sqrt{E} + \sqrt{F}}}$

$= m + n$, &c. & prouver de la même maniere que les quantités x''', x'''', &c. ſont toutes incommenſurables.

17. En faiſant paſſer les coëfficiens ſous les ſignes de tous les radicaux, les équations que nous avons eu (9) deviendront,

$x^{l} = \sqrt{2^3 - \sqrt{2^5}}$, $x^{ll} = \sqrt{2^5 - \sqrt{2^9} + \sqrt{2^{17}}}$

$x^{ll^l} = \sqrt{2^7 - \sqrt{2^{13}} + \sqrt{2^{25}} + \sqrt{2^{49}}}$,

$x^{llll} = \sqrt{2^9 - \sqrt{2^{17}} + \sqrt{2^{33}} + \sqrt{2^{65}} + \sqrt{2^{129}}}$,

& ainſi de ſuite à l'infini. Or, en appliquant ici les principes que nous avons poſés (10, 11, &c.) il eſt facile de prouver que les quantités x^l, x^{ll}, x^{lll}, &c. ſont toutes incommenſurables.

1°. 2^5 étant une puiffance impaire de 2, $\sqrt{2^5}$ eft (13) incommenfurable; donc (11) $2^3 - \sqrt{2^5}$ eft incommenfurable, & par conféquent $\sqrt{2^3 - \sqrt{2^5}}$ ne peut être commenfurable; car fi $\sqrt{2^3 - \sqrt{2^5}}$ étoit commenfurable, fon quarré $2^3 - \sqrt{2^5}$ le feroit auffi; donc x^1 eft incommenfurable.

$\sqrt{2^5}$ ne pourroit s'exprimer que par une fraction, dont les deux termes feroient des nombres infinis qui n'auroient aucun facteur commun. Repréfentant tous les facteurs du numérateur par $abcd$, &c. & tous ceux du dénominateur par $a^1b^1c^1d^1$, &c. on auroit $\sqrt{2^5} = \dfrac{ABCD, \&c.}{a^1 b^1 c^1 d^1, \&c.}$, & $\sqrt{2^3 - \sqrt{2^5}}$

$= \sqrt{\dfrac{8 a^1 b^1 c^1 d^1, \&c. - abcd, \&c.}{a^1 b^1 c^1 d^1, \&c.}}$ Ainfi x^1 eft

égale à la racine quarrée de $\dfrac{8a^1b^1c^1d^1, \&c. - abcd, \&c.}{a^1 b^1 c^1 d^1, \&c.}$ Mais les deux termes de cette fraction n'ayant aucun facteur commun, & étant d'ailleurs des nombres infinis, c'eft-à-dire, des nombres qui n'exiftent pas, cette fraction ne peut point s'exprimer en nombre. Donc x^1, ou $\sqrt{\dfrac{8 a^1 b^1 c^1 d^1, \&c. - abcd, \&c.}{a^1 b^1 c^1 d^1, \&c.}}$ eft une quantité qui ne pourra jamais s'exprimer en nombre.

2°. 2^{17} étant une puiffance impaire de 2, $\sqrt{2^{17}}$ eft (13) incommenfurable ; donc (10)

$2^9 + \sqrt{2^{17}}$ eſt incommenſurable. D'où il ſuit que $\sqrt{2^9 + \sqrt{2^{17}}}$ ne peut être commenſurable, puiſque dans le cas, où $\sqrt{2^9 + \sqrt{2^{17}}}$ ſeroit commenſurable, ſon quarré $2^9 + \sqrt{2^{17}}$ le ſeroit néceſſairement. Donc (11) $2^5 - \sqrt{2^9 + \sqrt{2^{17}}}$ eſt incommenſurable, & par conſéquent $\sqrt{2^5 - \sqrt{2^9 + \sqrt{2^{17}}}}$ ne peut être commenſurable; donc enfin x'' eſt une quantité incommenſurable.

J'aurois pu faire ſur l'expreſſion de x'' la même obſervation que j'ai faite ſur celle de x'. En général il eſt aiſé de voir que par un ſemblable raiſonnement je pourrois démontrer l'incommenſurabilité de x''', x'''', &c.

18. Les quantités x, x', x'', x''', &c. étant fixes & invariables, ne peuvent avoir qu'une ſeule valeur réelle; d'où il ſuit qu'elles ne peuvent pas être en même temps commenſurables & incommenſurables ; car alors elles auroient deux valeurs réelles, dont l'une ſeroit exprimée par des nombres finis, & l'autre ne pouroit s'exprimer que par des nombres infinis. Or, les formules $\sqrt{2}$, $\sqrt{2^3 - \sqrt{2^5}}$, $\sqrt{2^5 - \sqrt{2^9 + \sqrt{2^{17}}}}$, &c. expriment les valeurs exactes de x, x', x'', &c. & puiſque ces formules ſont toutes in-

commenfurables, il s'enfuit que les quantités x, x^I, x^{II}, &c. font pareillement toutes incommenfurables, c'eft-à-dire, qu'on
ne pourra jamais, par aucun moyen, leur
trouver une valeur exacte, exprimée en
nombres finis, autrement elles auroient deux
valeurs réelles & exactes, ce qui eft im-
poffible.

Mais fuppofons qu'on puiffe, par quel-
qu'autre moyen, trouver pour x, x^I, x^{II}, &c.
des expreffions commenfurables, il eft évident que ces expreffions, ou du moins
leurs réfultats, pourront fucceffivement fe
repréfenter par $m + n$ (m & n étant des
quantités commenfurables). On auroit donc,
par exemple, $x^{II} = m+n$. Mais (9) $x^{II} =$

$$4\sqrt{2-\sqrt{2+\sqrt{2}}} = \sqrt{2^5 - \sqrt{2^9 + \sqrt{2^{17}}}};$$

donc $m + n = \sqrt{2^5 - \sqrt{2^9 + \sqrt{2^{17}}}}$

$$= \sqrt{B - \sqrt{C + \sqrt{D}}}.$$ Or, nous avons
prouvé au moyen de cette équation, que
m, n font incommenfurables. Donc on ne
peut pas fuppofer $x^{II} = $ à une quantité
commenfurable, & il en eft de même de
x, x^I, x^{III}, x^{IIII}, &c. Donc il eft impoffi-
ble de trouver pour x, x^I, x^{II}, x^{III}, &c.
des expreffions commenfurables.

19. Puifque (9) $x = $ corde $90°$, $x^I =$
$2.c.45°$, $x^{II} = 4.c.22° 30'$, $x^{III} = $, &c.

on a nécessairement $4x = 4 . c . 90°$, $4x^I$
$= 8 . c . 45°$, $4x^{II} = 16 . c . 22° . 30'$, $4x^{III}$
$= 32 . c . 11° . 15'$, $x^{IIII} =$, &c. Enforte que
fi on imagine une fuite infinie de polygones réguliers infcrits, tels que le premier
ait quatre côtés, le fecond 8, le troifieme
16, & ainfi de fuite à l'infini, la fomme
de tous les côtés de chacun de ces polygones fera fucceffivement repréfentée par
$4x$, $4x^I$, $4x^{II}$, $4x^{III}$, &c. Et fi on dé-
figne la fomme des quatre côtés du premier
par s, celle de tous les côtés du fecond
par s^I, celle de tous les côtés du troifieme
par s^{II}, &c. on aura $4x = s$, $4x^I = s^I$,
$4x^{II} = s^{II}$, &c. Or, x, x^I, x^{II}, x^{III}, &c.
étant incommenfurables, $4x$, $4x^I$, $4x^{II}$,
$4x^{III}$, &c. ou s, s^I, s^{II}, s^{III}, &c. font
également incommenfurables. Donc la fom-
me de tous les côtés de chacun des polygones que nous confidérons ici, eft incommenfurable. Mais le dernier de tous ces
polygones aura une infinité de côtés, &
fera par conféquent égal à la circonférence.
Donc la circonférence du cercle eft incommenfurable, c'eft-à-dire, qu'en la con-
fidérant relativement au rayon, on ne pourra
jamais lui trouver une valeur exacte, exprimée en nombres, & il en eft de même,
fi on la confidere relativement au diametre.

20. En fuppofant tourjours $r = 1$, fi on fait $u = fin.\ 60°$. on aura $x =$ corde $60°$ $= 1$, $u^2 = 1 - \frac{1}{4}$, & les équations que nous avons eu (7), deviendront

$$x = \sqrt{1} \qquad\qquad\qquad = 2\ s.\frac{60°}{2} = \text{corde}\ 60°.$$

$$x^I = 2\sqrt{2 - \sqrt{3}} \qquad\qquad = 4\ s.\frac{60°}{4} = 2\ c.\frac{60°}{2}.$$

$$x^{II} = 4\sqrt{2 - \sqrt{2 + \sqrt{3}}} \qquad = 8\ s.\frac{60°}{8} = 4.c.\frac{60°}{4}.$$

$$x^{III} = 8\sqrt{2 - \sqrt{2 + \sqrt{2 + \sqrt{3}}}} = 16.s.\frac{60°}{16} = 8.\ c.\frac{60°}{8}.$$

& ainfi de fuite à l'infini.

De toutes ces expreffions il n'y a que la premiere qui foit commenfurable. Les autres font toutes irrationnelles, comme il feroit aifé de s'en convaincre en employant ici les mêmes opérations que nous avons faites précédemment (14, 15, &c). Or, la derniere de ces formules donnera la valeur de l'arc de 60°. Donc cet arc eft incommenfurable, & par conféquent 6 fois cet arc, ou la circonférence entiere eft incommenfurable.

Il eft évident qu'on pourroit de même fuppofer $u = finus\ 30°$. cette Hypothefe fourniroit de nouvelles formules, fur lefquelles on feroit les mêmes obfervations, & on en tireroit les mêmes conféquences.

SUPPLÉMENT.

LES objections qui m'ont été faites, me font croire que je n'ai pas affez développé ma démonftration. Je vais donc y ajouter quelque chofe ; mais afin de procéder avec le plus d'ordre qu'il m'eft poffible, voici d'abord quelques définitions.

1°. J'appelle incommenfurable ou irrationnelle une quantité A, dont le rapport avec une autre quantité B ne peut pas s'exprimer en nombre.

2°. J'appelle partie rationnelle d'un tout, celle dont le rapport avec le tout peut s'exprimer en nombre ; & partie irrationnelle, celle dont le rapport avec le tout ne peut pas s'exprimer en nombre.

21. Une ligne droite A B (fig. 2) renferme des parties rationnelles & des parties irrationnelles. Il y a plus, elle renferme néceffairement une infinité de parties rationnelles, & une infinité de parties irrationnelles. Car d'abord il eft clair que je puis prendre fur A B une infinité de lignes qui feront la $\frac{1}{2}$, le $\frac{1}{3}$, les $\frac{3}{4}$, &c. de A B. Or, toutes ces parties ayant un rapport déterminé avec la ligne entiere, il eft évident que cette ligne renferme une infinité,

le parties rationnelles. Elle contient auffi
une infinité de parties irrationnelles; voici
comme je le prouve. Des extrémités A, B,
menez deux lignes égales A C, B C, faifant un angle droit en C. Si A B eft repréfentée par 1, on aura, en vertu des
propriétés du triangle rectangle & ifocelle,
A C $= \sqrt{\frac{1}{2}} = \frac{1}{\sqrt{2}}$. Or, la racine quarrée
de 2 ne pouvant jamais s'exprimer en nom-
bre d'une maniere exacte, A C eft dans un
rapport incommenfurable avec A B. D'ailleurs A C pouvant s'appliquer fur la ligne
A B, on doit la confidérer comme une
partie de cette ligne. Ainfi A C eft une
partie irrationnelle de A B. Il faut prouver
qu'elle en contient une infinité d'autres.
Pour cet effet, menons D E parallele à
A C, de maniere que B D foit une partie
rationnelle de A B. Je puis faire $\overline{BD} =$
$\frac{AB}{a}$, a repréfentant un nombre quelconque,
entier ou fractionnaire; & faifant toujours
A B $= 1$, j'aurai B D $= \frac{1}{a}$. Or, le triangle B D E étant rectangle & ifocelle, on a
$\overline{DE}^2 = \frac{1}{2}\overline{BD}^2 = \frac{1}{2} \times \frac{1}{a^2} = \frac{1}{2a^2}$, DE $= \frac{1}{a\sqrt{2}}$.
Ainfi le rapport de D E à A B eft comme
$\frac{1}{a\sqrt{2}}$ à 1, ou comme 1 à $a\sqrt{2}$. Mais la quantité $a\sqrt{2}$ ne pouvant point s'exprimer exactement en nombre, le rapport de D E à
A B eft incommenfurable, quelle que foit
la valeur de x. Si on fait $a = 2$, on aura

$BD = \frac{1}{2}$ & $DE = \frac{1}{2\sqrt{2}}$; fi on fait $a = 3$, on aura $BD = \frac{1}{3}$, $DE = \frac{1}{3\sqrt{2}}$, & ainfi des autres cas. En général il eft aifé de voir qu'on peut mener entre AB & CB une infinité de lignes paralleles à AC, telles que leur rapport avec AB fera incommenfurable, & que ces lignes, pouvant toutes s'appliquer fur AB, doivent être confidérées comme autant de parties réelles de cette ligne. AB contient donc une infinité de parties irrationnelles; c'eft-à-dire, autant pour le moins que de parties rationnelles. Je dis pour le moins, car il ne feroit pas difficile de prouver que le nombre des parties irrationnelles furpaffe infiniment celui des parties rationnelles. Mais une femblable démonftration me meneroit trop loin; & d'ailleurs chacun peut aifément s'en convaincre, en faifant attention qu'une ligne droite étant divifée en autant de parties rationnelles qu'elle en peut contenir, chacune de ces parties quelque petite qu'on la fuppofe, fe conçoit encore divifible en une infinité d'autres parties irrationnelles, qui, étant jointes fucceffivement à toutes les parties rationnelles, donneront un nombre de parties irrationnelles infininiment plus grand que celui des parties rationnelles (1). Je ne m'étendrai pas d'avantage

_____

(1) On pourroit peut-être conclure delà qu'en rom-

fur cette idée ; ce feroit achever une démonftration que je n'avois point envie de
donner.

Ce qui vient d'être dit de la ligne droite ,
convient également aux lignes courbes ,
tant à celles qui font rectifiables , qu'à celles
qui ne le font pas. Car toutes font certainement égales à des lignes droites ; on peut
donc les confidérer comme telles , & y
voir les mêmes propriétés que nous venons
de remarquer dans la ligne droite. Ainfi la
circonférence du cercle contient une infinité de parties rationnelles, & un nombre infiniment plus grand de parties irrationnelles.

22. Deux quantités m , p étant chacune
incommenfurable , leur produit $m p$ eft
commenfurable en certains cas , & incommenfurable en d'autres. Car m & p peuvent
être confidérées comme deux fractions ,
dont le numérateur & le dénominateur

---

pant un bâton en deux , il y a à parier infini contre un
que les deux morceaux font parties irrationnelles du tout.
Cela feroit vrai fi les parties élémentaires de la matiere
étoient autant de points Mathématiques. Mais c'eft une
chofe qui ne peut pas être. Il eft hors de doute que ces
parties élémentaires ne font pas d'une petiteffe abfolu-
ment infinie ; il faut , au contraire, que le nombre des
élémens primitifs qui compofent un corps quelconque ,
foit fini & borné ; & fi nous devons croire avec Leibnitz
que ces élémens font infécables , il s'enfuivra qu'en
rompant une verge de fer en deux , il y a à parier à coup
fûr que les morceaux féparés font parties rationnelles du
tout. Mais l'infécabilité des monades eft encore un problême parmi les Phyficiens , & il eft à préfumer qu'il fe
paffera encore du temps avant qu'il foit réfolu.

font des nombres infinis. Soit donc $p = \dfrac{A\,B\,C\,D,\ \&c.}{a\,b\,c\,d,\ \&c.}$, A B C D repréfentant tous les facteurs du numérateur & $a\,b\,c\,d$ tous ceux du dénominateur ; foit auffi $m = \dfrac{A'B'C'D',\ \&c.}{a'\,b'\,c'\,d',\ \&c.}$, A^l B^l C^l D^l repréfentant de même tous les facteurs du numérateur, & $a^l\,b^l\,c^l\,d^l$ tous ceux du dénominateur. On aura par conféquent $m\,p = \dfrac{A\,B\,C\,D,\ \&c.}{a\,b\,c\,d,\ \&c.} \times \dfrac{A'B'C'D',\ \&c.}{a'\,b'\,c'\,d^l,\ \&c.}$ Or, 1°. il peut arriver que les facteurs s'effacent réciproquement, de maniere que l'on ait, par exemple, A B C D $= a'\,b'\,c'\,d^l$, & $a\,c\,d = B'C'D'$, auquel cas le produit $\dfrac{A\,B\,C\,D}{a\,b\,c\,d} \times \dfrac{A'B'C'D'}{a'\,b'\,c'\,d^l}$ fe rédui-roit à $\frac{A'}{b}$, c'eft-à-dire, à une fraction qui n'auroit plus à l'un & à l'autre de fes deux termes qu'un nombre fini de facteurs. Il eft vifible qu'alors $m\,p$ feroit commenfurable, quoique m & p foient deux quantités in-commenfurables. 2°. Il peut fe faire, & il doit doit même arriver prefque toujours qu'après avoir effacé tous les facteurs com-muns, il en refte encore un nombre infini, tant au numérateur qu'au dénominateur de la fraction produit ; & dans ce cas $m\,p$ eft évidemment incommenfurable.

23. Etant donnée une quantité commen-

furable m, & une quantité incommenfurable p, leur produit $m\,p$ eft néceffairement incommenfurable. Car foit comme
ci-deffus $p = \frac{ABCD}{abcd}$, & $m = \frac{s}{t}$, nous

aurons $m\,p = \frac{s}{t} \times \frac{ABCD}{abcd}$. Il peut arriver
que le dénominateur t foit égal à une par-
tie du numérateur $ABCD$, & que le numérateur s foit de même égal à une partie
du dénominateur $abcd$. Suppofons donc
$t = B$, & $s = a$, nous aurons, réduction
faite, $m\,p = \frac{ACD}{bcd}$. Or, t & s étant des
facteurs finis que nous avons retranchés
des quantités infinies $ABCD$, $abcd$, les
reftes ACD, bcd, font encore infinis.
Donc quelle que foit la valeur de m, on
trouvera finalement que $m\,p$ eft toujours
égal à une fraction $\frac{ACD}{bcd}$, qui ne pourroit
être repréfentée que par deux nombres infinis ACD, bcd, qui n'auroient aucun
facteur commun.

24. Une ligne A étant dans un rapport
commenfurable avec une autre ligne B,
toutes les parties rationnelles de A feront
également dans un rapport commenfurable
avec B, & avec toutes les parties rationnelles de B. Mais fi A eft dans un rapport
incommenfurable avec B, ou avec une par-

tie rationnelle de B , toutes les parties rationnelles de A feront dans un rapport incommenfurable avec B, & avec toutes les parties rationnelles de B.

Il me femble que cette propofition pourroit bien paffer pour un axiôme, un principe évident; mais afin de lever toute efpece de doute, je veux ne la regarder que comme un théorême qui a befoin d'être prouvé. Voici donc la démonftration que j'en donne.

Soit p le rapport de A à B, on a A $= p$ B. Multiplions par $m . n$, (m & n étant chacune un nombre quelconque entier ou fractionnaire) l'équation devient $m . n . A = m . n . p$ B; m doit être confidérée ici comme coëfficient de A , & n comme coëfficient de B; de maniere que m A eft l'expreffion générale de toutes les parties rationnelles de A , & n B l'expreffion générale de toutes les parties rationnelles de B. C'eft en réfléchiffant fur l'équation m A $. n = p n$ B $. m$, que l'on peut fe convaincre de la vérité de notre propofition. En effet , 1°. fi p rapport de A à B eft commenfurable , toutes les quantités m , A , n, p , B étant alors commenfurables , les produits m A $. n$, $p n$ B $. m$ le feront néceffairement ; donc m A fera toujours dans un rapport commenfurable avec B & avec n B; quelles que foient les valeurs particulieres de m, n,

&

& voilà la premiere partie de ma propofition démontrée. 2°. Si p eft incommenfurable, les quantités m, n étant commenfurables, le produit pn B.m, ou (en faifant B $=$ 1) $pn.m$ eft néceffairement (23)
incommenfurable; donc m A fera toujours
dans un rapport incommenfurable avec B
& avec n B. Faifons quelques applications :
foit $m=\frac{1}{4}$, $n=$ 1, B $=$ 1, l'équation devient $\frac{1}{4}$ A $=\frac{1}{4}p$. Or, fi p eft commenfurable,
le rapport de $\frac{1}{4}$ A à B le fera pareillement.
Car fuppofons $p=$ 2, on a $\frac{1}{4}$ A $=\frac{1}{2}$,
c'eft-à-dire, que le rapport de $\frac{1}{4}$ A à B
eft $\frac{1}{2}$: mais fi p eft incommenfurable, le
rapport de $\frac{1}{4}$ A à B le fera néceffairement.
Car ce rapport étant $\frac{1}{4} \times p$, c'eft-à-dire,
le produit de $\frac{1}{4}$ par une quantité incommenfurable, ne peut être (23) commenfurable. Il eft évident que nous pourrions
faire une infinité de femblables applications,
en donnant à m & à n telle autre valeur
déterminée.

25. Jufqu'ici nous avons fait $p=$ le
rapport de A à B; fuppofons actuellement
que p exprime le rapport de m A (c'eft-à-
dire, d'une partie rationnelle quelconque
de A) à B, nous aurons m A $=p$ B. Di-
vifant par m, & faifant B $=$ 1, l'équation deviendra A $=p.\frac{1}{m}$. Cette expreffion
$p.\frac{1}{m}$ eft la valeur de A relativement à B,

C

ou, ce qui revient au même, le rapport
de A à B. Mais $\frac{1}{m}$ étant commenſurable,
puiſque m exprime un nombre quelconque
entier ou fractionnaire, l'expreſſion $p \cdot \frac{1}{m}$
doit être commenſurable, ou (23) incommenſurable, ſelon que p lui-même ſera l'un
ou l'autre; c'eſt-à-dire, que le rapport de
A à B eſt commenſurable, ou incommenſurable, ſelon que le rapport d'une partie
rationnelle quelconque de A à B eſt lui-
même commenſurable ou incommenſurable. On voit donc en général que ſi une
partie rationnelle d'une ligne A eſt dans
un rapport commenſurable avec une ligne
B, la ligne entiere A ſera dans un rapport
commenſurable avec B, & ſi une partie
rationnelle de A eſt dans un rapport incommenſurable avec B, la ligne entiere
A ſera dans un rapport incommenſurable
avec B.

Quoique cette propoſition générale ſoit
démontrée à la rigueur, j'imagine qu'il ne
ſera peut-être pas inutile de donner ici quelques exemples. Soit donc $m = \frac{1}{6}$, l'équation $m A = p B$ deviendra par conſéquent
$\frac{1}{6} A = p B$. Faiſant B $= 1$, & diviſant par
$\frac{1}{6}$, on aura A $= \frac{1}{\frac{1}{6}} \cdot p = p \cdot \frac{6}{1}$. Or, 1°. ſi p
rapport de $\frac{1}{6}$ A à B eſt commenſurable,
$p \cdot \frac{6}{1}$, qui eſt le rapport de A à B, ſera
également commenſurable; car ſuppoſant
$p = 3$, nous aurons $p \cdot \frac{6}{1} = \frac{18}{1}$; c'eſt-à-

dire, que le rapport de A à B eſt dans ce cas $\frac{18}{1}$, ou, ce qui revient au même, que A:B:: 18 : 1. 2°. Mais ſi *p* eſt incommenſurable, il eſt évident par ce qui a été dit (23) que $p.\frac{6}{1}$ ſera néceſſairement incommenſurable. On voit qu'il ſeroit facile de faire une infinité de ſemblables applications, en donnant à *m* des valeurs déterminées, & faiſant à chaque fois le rapport *p* alternativement commenſurable & incommenſurable.

26. Nous pourrions encore ſuppoſer que *p* repréſente le rapport de *m* A à *n* B, c'eſt-à-dire le rapport d'une partie rationnelle de A à une partie rationnelle de B. Cette Hypotheſe nous donneroit l'équation ſuivante, $A = p.\frac{nB}{m}$, ou (faiſant B = 1) $A = p.\frac{n}{m}$. Raiſonnant ici comme nous avons fait plus haut, nous en tirerions la propoſition qui ſuit :

Le rapport de A à B eſt commenſurable ou incommenſurable, ſelon que le rapport d'une partie rationnelle de A à une partie rationnelle de B eſt lui-même commenſurable ou incommenſurable.

27. Enfin, nous pourrions ſuppoſer que *p* repréſente le rapport de A à *n* B, c'eſt-à-dire, le rapport de la quantité A à une partie rationnelle de B. En partant de cette

Hypothefe, nous aurions l'équation A $=$ $p\,n$ B , ou (faifant toujours B $=$ 1) A $=$ $p\,n$. L'expreffion $p\,n$ feroit donc dans ce cas le rapport de A à B. Et faifant aucore ici les mêmes raifonnemens que nous avons faits ci·deffus , nous en tirerions la propofition fuivante :

Le rapport de A à B eft commenfurable ou incommenfurable, felon que le rapport de A à une partie rationnelle quelconque de B eft lui-même l'un ou l'autre.

Cette propofition pourroit fe conclure de celle que nous avons donnée plus haut (25). Car, s'il eft vrai, comme nous l'avons dit, que A eft dans un rapport commen-furable ou incommenfurable avec B, felon qu'une partie rationnelle de A eft elle-même dans un rapport commenfurable ou incom-menfurable avec B; il eft évident que B doit être dans un rapport commenfurable ou incommenfurable avec A, felon qu'une partie rationnelle de B eft elle·même dans un rapport commenfurable ou incommen-furable avec la quantité A. Or , c'eft ce que porte notre derniere propofition , comme il eft aifé de s'en convaincre, pour peu qu'on veuille y réfléchir.

28. Il fuit des principes que nous avons pofés (24 & 25) que fi la circonférence eft incommenfurable avec le rayon, toutes

les parties rationnelles de la circonférence feront incommenfurables avec le rayon, & que réciproquement fi une partie rationnelle de la circonférence eft incommenfurable, la circonférence & toutes les autres parties rationnelles de la circonférence feront également incommenfurables. Ainfi, pour réfoudre le problême de l'incommenfurabilité du cercle, il fuffit de prouver qu'une partie rationnelle quelconque de la circonférence eft incommenfurable. Partant de ce principe, je me fuis attaché à démontrer l'incommenfurabilité de l'arc de 90°. On convient que ma démonftration prouve rigoureufement l'incommenfurabilité de cet arc; on doit donc convenir par la même raifon que la circonférence entière eft incommenfurable. Car l'un ne peut aller fans l'autre, comme il eft aifé de s'en convaincre d'après les principes que je viens de pofer.

29. Une ligne A étant commenfurable avec une ligne B, toutes les parties irrationnelles de A feront également parties irrationnelles de B. Car foit $B = \frac{1}{2}A$; il eft évident que les parties incommenfurables de A doivent être par la même raifon parties incommenfurables de $\frac{1}{2}A$. Cela n'a pas befoin d'une plus longue démonftration.

30. Une ligne A étant incommenfurable avec une autre ligne B , les parties irrationelles de A feront , les unes , parties rationnelles ; & les autres , parties irrationnelles de B. Pour le prouver d'une maniere générale foit $A = p B$; p repréfentant le rapport incommenfurable de A à B. Multipliant par m, nous avons $m A = m p B = m p \times B$. m eft ici l'expreffion générale de toutes les parties irrationnelles de A ; c'eft donc une quantité incommenfurable ; & puifque , par l'Hypothefe , p eft auffi incommenfurable , nous avons deux quantités incommenfurables , m , p. Leur produit $m p$ peut donc être (22) commenfurable ou incommenfurable. Si nous fuppofons $m p$ commenfurable , $m p$ B fera l'expreffion d'une partie rationnelle de B. On aura donc m A , c'eft-à-dire , une partie irrationnelle de A , égale à $m p$ B , c'eft-à-dire , à une partie rationnelle de B. Delà il eft aifé de conclure qu'il y a des parties irrationelles de A qui font parties rationnelles de B ; & c'eft la premiere vérité énoncée dans ma propofition. 2°. Si nous fuppofons que $m p$ eft incommenfurable , $m p$ B fera l'expreffion d'une partie irrationnelle de B. On aura donc m A , c'eft-à-dire , une partie irrationnelle de A , égale à $m p$ B , c'eft-à-dire , à une partie irrationnelle de B. D'où je conclus qu'il y a des

parties irrationnelles de A qui font parties irrationnelles de B, & c'eft la feconde vérité énoncée dans ma propofition.

Voici un exemple qui peut fervir à démontrer d'une maniere plus fenfible la vérité de la premiere partie de ma propofition. Soit B $=$ le côté d'un quarré, & A $=$ la diagole. On fait que ces deux lignes font entre elles dans un rapport incommenfurable. Cela pofé, je dis qu'il y a des parties irrationnelles de A qui font parties rationnelles de B : car appliquant la moitié de B fur A, & retranchant l'excédent, le refte que j'appelle C, fera égal à $\frac{1}{2}$ B. Or, 1° la ligne C eft vifiblement partie rationnelle de B, puifqu'on a C $= \frac{1}{2}$ B. 2°. C eft partie irrationnelle de A ; car A étant dans un rapport incommenfurable avec B, fi C étoit partie rationnelle de A, elle feroit (24) néceffairement partie irrationnelle de B. Or, C eft partie rationnelle de B, donc, &c. Il eft facile d'imaginer qu'on pourroit de même appliquer fur A les $\frac{2}{3}$, le $\frac{1}{3}$, le $\frac{1}{4}$, les $\frac{3}{4}$, &c. de B, & trouver par ce moyen une infinité de lignes qui feroient toutes en même temps parties irrationnelles de A, & parties rationnelles de B.

C'eft en réfléchiffant fur les principes

C 4

qui viennent d'être pofés , que l'on peut raifonner d'une maniere plus claire & plus fuivie fur le problême de l'incommenfura-bilité du cercle. 1°. Il eft certain d'abord, comme nous l'avons dit plus haut (21), qu'il y a une infinité d'arcs qui font par-ties rationnelles , & une infinité d'autres qui font parties irrationnelles de la circon-férence. 2°. Il eft certain qu'il y a une in-finité d'arcs qui font dans un rapport com-menfurable avec le rayon. Car je puis fup-pofer la circonférence égale à une ligne droite, & imaginer que l'on applique fuc-ceffivement fur cette ligne les $\frac{3}{1}$, les $\frac{2}{1}$, les $\frac{3}{4}$, les $\frac{2}{3}$, le $\frac{1}{3}$, &c. du rayon : on con-çoit qu'il feroit facile par ce moyen de trou-ver dans la circonférence une infinité de parties qui feroient toutes dans un rapport commenfurable avec le rayon. Or , ces parties de la circonférence étant des arcs, il s'enfuit qu'il y a une infinité d'arcs qui font dans un rapport commenfurable avec le rayon. Refte à fçavoir fi ces arcs font des parties rationnelles ou des parties irration-nelles de la circonférence. Dans le premier cas , la circonférence feroit commenfura-ble avec le rayon ; dans le fecond , elle feroit incommenfurable. Mais la démonf-tration que nous avons donnée de l'incom-menfurabilité de l'arc de 90°. prouvant éga-lement , comme nous l'avons fait voir (19

& 28), l'incommenfurabilité de la circonférence avec le rayon, & en général celle
de tous les arcs qui font parties rationnelles
de la circonférence; il s'enfuit que les arcs
qui font dans un rapport commenfurable
avec le rayon font néceffairement parties
irrationnelles de la circonférence.

Il eft donc certain, comme nous venons
de le voir, qu'il y a une infinité d'arcs
qui font dans un rapport commenfurable
avec le rayon; & il eft également certain
que l'arc de 90°, & en général tous les
arcs rationnels font dans un rapport incommenfurable avec le rayon. Voilà par conféquent un nombre infini d'arcs qui font
commenfurables, & un nombre infini d'autres arcs qui font incommenfurables. Delà
il eft aifé de conclure qu'une formule générale, où on prétendroit démontrer la
commenfurabilité ou l'incommenfurabilité
d'nn arc quelconque, eft une chimere;
elle feroit fauffe par cela feul qu'elle feroit
générale. C'eft comme fi quelqu'un me
difoit : voici une formule qui prouve que
tout nombre peut fe divifer par 2. Votre
formule ne vaut rien, lui répondrois-je,
parce qu'il y a des nombres qui ne peuvent pas fe divifer par deux : il en eft de
même des arcs. On ne peut pas démontrer
que tous font commenfurables, parce qu'il

y en a qui ſont incommenſurables; on ne
peut pas prouver que tous ſont incommenſurables , parce qu'il y en a qui ſont commenſurables. Ainſi le ſeul reproche qui ait
été fait à ma démonſtration de n'être pas
générale , tombe de lui-même; puiſque pour
être fauſſe , il ſuffiroit qu'elle fût générale
& applicable à toute ſorte d'arcs.

31. Comme il y a des arcs commenſurables & des arcs incommenſurables , il y
a auſſi des ſinus commenſurables & des
ſinus incommenſurables : car le ſinus de 30°
eſt commenſurable , & celui de 45 eſt incommenſurable. Mais outre le ſinus de 30°,
il y en a une infinité d'autres qui ſont commenſurables , comme il y en a auſſi une
infinité qui ſont incommenſurables. L'un &
l'autre peut ſe démontrer. 1°. Imaginons
que le rayon , la $\frac{1}{2}$, le $\frac{1}{3}$, les $\frac{2}{3}$, les $\frac{3}{4}$, &c.
du rayon ſont autant de ſinus ; nous en trou-
verons une infinité qui ſeront tous parties
rationnelles du rayon , & par conſéquent
commenſurables. 2°. Si le rayon peut ſe
diviſer en une infinité de parties rationnelles , on peut auſſi y trouver une infinité
de parties irrationnelles ; cela ſe conçoit
aiſément , d'après ce qui a été dit (21).
Or, imaginons que toutes ces parties ſont
autant de ſinus ; nous en trouverons par ce
moyen une infinité , qui ſeront parties irra-

tionnelles du rayon , & par conféquent incommenfurables.

On peut appliquer ceci aux équations
générales , que nous avons trouvées ci-de-
vant (7).

$$x = \sqrt{2\,r^2 - 2\,r\sqrt{r^2 - u^2}}.$$

$$x' = 2\sqrt{2\,r^2 - r\sqrt{2\,r^2 + 2\,r\sqrt{r^2 - u^2}}}.$$

Pour fimplifier ces équations , on peut
faire paffer les coëfficiens fous les fignes
de tous les radicaux , & alors elles deviennent, en fuppofant $r = 1$:

$$x = \sqrt{2 - 2\sqrt{1 - u^2}}.$$

$$x' = \sqrt{2^3 - \sqrt{2^5 + \sqrt{2^{10} - 2^{10}.\,u^2}}}.$$

$$x'' = \sqrt{2^5 - \sqrt{2^9 + \sqrt{2^{17} + \sqrt{2^{34} - 2^{34}.\,u^2}}}}.$$

$$x''' = \sqrt{2^7 - \sqrt{2^{13} + \sqrt{2^{25} + \sqrt{2^{49} + \sqrt{2^{98} - 2^{98}.\,u^2}}}}}.$$

Par ce qui a été dit (6 & 7) la quantité
u repréfente le finus d'un arc quelconque
G H L , x la corde de G H L , x' le double de la corde de $\frac{1}{2}$ G H L , &c.

Puifqu'il y a une infinité de finus qui font
commenfurables , & une infinité d'autres
qui font incommenfurables ; il doit y avoir
de même une infinité de cordes qui font

commensurables , & une infinité d'autres qui font incommensurables. D'où il fuit que x , & par conséquent fa valeur $\sqrt{2 - \sqrt{4 - 4u^2}}$ eft une infinité de fois commensurable & une infinité de fois in- commensurable. Or , en faifant $\sqrt{2 - \sqrt{4 - 4u^2}}$ $= \sqrt{B - \sqrt{C}}$, nous avons vu plus haut

(14) que l'expreffion $\sqrt{B - \sqrt{C}}$ ne peut être commensurable que dans le cas où C & $B^2 - C$ font chacun un quarré. Il arrivera donc une infinité de fois que ces deux conditions auront lieu , & une infinité de fois qu'elles n'auront pas lieu. En effet , la quantité u étant variable à l'infini , il eft aifé de voir qu'en lui donnant fucceffive- ment toutes les valeurs dont elle eft fuf- ceptible , l'expreffion $\sqrt{2 - \sqrt{4 - 4u^2}}$ fera alternativement commensurable & in- commensurable ; avec cette différence néanmoins que de ces deux cas , le dernier fera beaucoup plus fréquent que le premier; mais l'un & l'autre aura lieu une infinité de fois.

La même démonftration eft applicable aux expreffions de x', x'', x''', x'''', &c. c'eft-à-dire , que toutes ces expreffions, & par conféquent les quantité x', x'', x''', &c.

feront une infinité de fois commenfurables ,
& une infinité de fois incommenfurables.
Ainfi, tant que le finus u reftera indéterminé, il feroit abfurde de vouloir démontrer la commenfurabilité ou l'incommenfurabilité des formules, $2\sqrt{2-\sqrt{2+2\sqrt{1-u^2}}}$,

$$4\sqrt{2-\sqrt{2+\sqrt{2+2\sqrt{1-u^2}}}},$$

$$8\sqrt{2-\sqrt{2+\sqrt{2+\sqrt{2+2\sqrt{1-u^2}}}}},$$

&c. Mais, en donnant à u des valeurs déterminées , ces formules feront quelquefois
commenfurables , quelquefois en parties
commenfurables, & très-fouvent incommenfurables. Si on fait $u^2 = \frac{15}{64}$, l'expreffion
$\sqrt{2-2\sqrt{1-u^2}}$ fera commenfurable ; on
aura $x = \sqrt{2-2\sqrt{1-u^2}} = \frac{1}{2}$; l'expreffion
$2\sqrt{2-\sqrt{2+2\sqrt{1-u^2}}}$ fera en partie commenfurable , c'eft-à-dire , qu'elle deviendra
plus fimple par la fuppreffion d'un de fes
radicaux ; car on aura , après la fubftitution ,
$x^i = 2\sqrt{2-\sqrt{2+2\sqrt{1-u^2}}} = 2\sqrt{2-\sqrt{\frac{10}{8}}}$.
La quantité u ayant toujours la même va-
leur, il eft évident que toutes les expreffions

$$4\sqrt{2-\sqrt{2+\sqrt{2+2\sqrt{1-u^2}}}},$$

$$8 \sqrt{2-\sqrt{2+\sqrt{2+\sqrt{2+2\sqrt{1-u^2}}}}} , \&c.$$

deviendront de même plus ſimples par la ſuppreſſion du dernier radical. Si on fait $u^2 = 1$, les expreſſions $\sqrt{2-2\sqrt{1-u^2}}$,

$2\sqrt{2-\sqrt{2+2\sqrt{1-u^2}}}$, &c. ſe change-

ront en celles - ci $\sqrt{2}$, $2\sqrt{2-\sqrt{2}}$,

$4\sqrt{2-\sqrt{2+\sqrt{2}}}$, &c. & feront toutes incommenſurables , comme nous l'avons prouvé (14 , 15 , &c).

F I N.

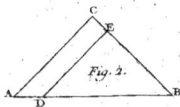

Fig. 2.

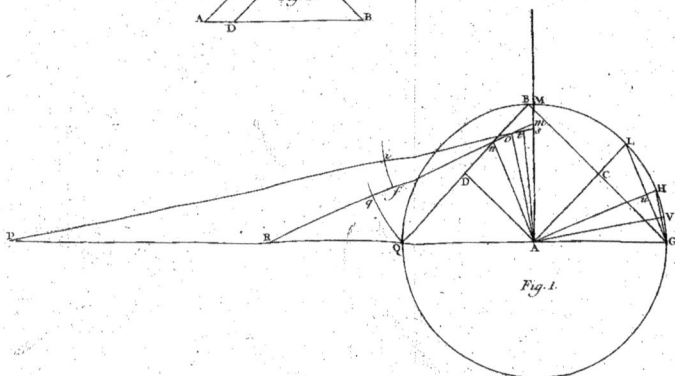

Fig. 1.

www.ingramcontent.com/pod-product-compliance
Lightning Source LLC
Chambersburg PA
CBHW050537210326
41520CB00012B/2617